U0010489

生而自由系列

BORN FREE

拯救花豹

感動人心的真實故事

Leopard Rescue

A True Story

莎拉·史塔巴克（Sara Starbuck）◎作者

羅金純 ◎譯者

晨星出版

推薦序 I

—— 科普作家 張東君

　　我在看這本書的時候，很怕大家會一竿子打翻一條船的把所有的動物園都當成罪惡淵藪。所以我要先說：「要檢討的是人、是棄養寵物的人、是濫伐濫墾濫捕的人、是盜獵設陷阱的人、是不停開發不管生態的人、是……」。其實我還可以一直寫下去。

　　這本書的主角花豹，他們的「運氣」不好，被飼養在條件不好的動物園裡面。但是主角遇到有愛心有能力的生而自由基金會，輾轉過許多的交通工具，努力不懈地將他們從大老遠的希臘帶到南非去，在野生保護區內的大貓保護中心中過著自由的日子。不過，所謂的自由，也還是以在保護區之內作為前提。雖然書裡面沒有提到，但是萬一他們不小心跑出保護區的範圍，下場還是很有可能會被滅絕……。

在看這本書的時候，我們要看的、要學的是花豹的生態與行為、生而自由基金會的眾人們的愛心，要監督的是飼育動物時所能提供的福利。然後，要記得動物不是只有貓狗寵物，要救要幫的也不是只有大型、美麗、可愛、毛茸茸的動物。各個物種生而平等生而自由，不該只是因為牠們「不可愛」、「有毒」等理由，就隨便歧視或亂撲殺掉這些物種。

推薦序 2

—— 牙醫師‧作家‧環保志工 李偉文

　　我相信只要家裡養過動物同伴，或者仔細觀察過野地裡的動物，都應該會相信動物如同人類一樣，擁有悲傷、喜悅，恐懼或憤怒這些情緒感受，這些動物也跟我們一樣擁有同情心，擁有愛，甚至也懂得享受生活。尤其花豹彷如家裡的貓，非常的優雅以及神祕，令人著迷。

　　但是，也如同人權隨著時代逐漸進步，動物的權利也是在最近這些年才獲得重視，這必須歸功於如「生而自由」這些動物保護團體透過拯救花豹這類的行動，藉此教育社會大眾，一般的民眾才得以支持動物如同人類一樣，擁有免於恐懼與痛苦的權力。

　　希望孩子們能在大人陪伴下閱讀這系列的書，知道這世界上還有許多生命與我們共享這個豐富神奇的地球。

前言

嗨，大家好！

一想到花豹，會有什麼感覺湧上你的心頭呢？你是否會感到驚恐，還是被牠的美所撼動，或是深深被牠那比一般大型貓科動物來得神祕的天性所著迷？

現在的我愛動物成痴，乃緣起於五十二年前與丈夫

比爾‧崔佛斯（Bill Travers）的一趟肯亞（Kenya）之行，自此讓我一頭栽進了野生動物的世界。當時我們正準備在〈獅子與我〉（Born Free）的電影中擔綱演出。該電影改編自喬伊‧亞當森（Joy Adamson）炙手可熱的暢銷書，內容敘述喬伊與其丈夫喬治‧亞當森與一隻孤苦無依的幼獅愛爾莎（Elsa）的故事。等到

牠長到成年，兩人開始訓練牠如何重返荒野做一頭野生獅子，最終適應大自然的生活、獵食、交配和繁衍下一代。

電影殺青後，我們走了一趟體驗蠻荒之旅，親眼目睹了包括花豹在內的各種野生動物百態。在往後的歲月裡，成豹帶著小幼豹們趴在高高的枝頭上睡起大頭覺，或是跟蹤獵物的身影時常映入我的眼簾。自由自在地發揮與生俱來的本能，這才是野生動物應有的生活方式。可惜並非每次都能如願。

三十二年前，我們和大兒子威爾（Will）共同成立了「監督動物園（Zoo Check）」的小團體，幾年後更名成為**生而自由基金會（Born Free Foundation）**。發起這項工作的初衷不外乎是因為我們目睹了許多野生動物被剝奪了在野地生活的權利，淪為被囚禁的命運，行動處處受限的慘況屢見不鮮。

賽普勒斯（Cyprus）的利瑪索爾（Limassol）有一處小動物園便是一例。比爾將餘生心血全傾注於拍攝許多像這樣環境惡劣的動物園上，並在一九九〇年造訪利瑪索爾時，對眼前的景象大吃一驚。我於一九九四年也親自去了該動物園一趟，當下發現之前參觀過的那頭象（當時我還特地說服了園方多為牠增設遮蔭處）已經過世，幾隻熊早已被安置到他處，靈長類動物的生活條件雖不若當時比爾造訪時那麼慘不忍睹，但情況依舊非常惡劣。時至今日，園方終於決定只保留小型動物在園區中，我們所幸得

以藉此機會將花豹們送往南非的「大型貓科動物保育中心（Big Cat Rescue Center）」。這些動物的生活將自此改頭換面。很高興羅倫‧聖約翰（Lauren St John）這位「生而自由」的傑出作者兼好夥伴全程陪我們一起展開這段旅程，另外大明星露絲‧威爾森（Ruth Wilson）也在倫敦與我們會合，一同參與將花豹野放至寬闊新家——聖瓦里（Shamwari）野生保護區的過程。但願比爾在天之靈也能夠一同親眼見證這令人雀躍以及滿懷希望的一天。

　　想像一下將野生動物從冷冰冰的鐵籠中解放出來，讓牠們徜徉在非洲的蒼穹之下，感受微風輕拂，腳踩草原，恣意尋找隱密處，聆聽其他野生動物的聲響是何等滋味？對我們在場見證這一切的每一個人而言，無疑是感動非凡。

Virginia McKenna

演員兼**生而自由基金會**創辦人之受託人
維吉妮亞‧麥肯納（Virginia McKenna OBE）
*OBE 大英帝國官佐勳章

這是有關被囚禁在利瑪索爾動物園柵欄內的花豹的故事，以大自然為家對牠們而言是何等遙不可及。此項救援計畫已經邁入近二十個年頭；一個充滿決心、勇氣、艱辛與希望的故事。

麗達 小檔案

- 一九九〇年於以色列‧特拉維夫動物園出生
- 抵達利瑪索爾動物園時間，不詳
- 充滿自信，有膽識
- 一位好母親
- 曾成功捕獵誤入圍籬的鳥類
- 喜歡睡在高台上俯瞰整個保護區

瑞亞 小檔案

- 宙斯和麗達之女
- 一九九八年一月於賽普勒斯的利瑪索爾動物園出生
- 生性害羞,害怕人群
- 具有強烈的地域性
- 喜歡睡在隔離區的大木箱上或木箱內

只要我出現，就表示花豹小知識的時間到囉。

第 一 章

一九九八年，一月
希臘‧利瑪索爾動物園

　　賽普勒斯的利瑪索爾動物園清晨時分，一月的淡陽尚未從特羅多斯山（Troodos Mountains）升起，園裡的動物們早已醒來，把握機會享受難得的清靜。等大批遊客湧入後，又得忍受無時無刻的指指點點、嘲諷和注目。園裡匯集了來自世界各地的珍禽異獸，全被迫擠在柵欄、玻璃櫥櫃和籠子裡過活，沒有一絲屬於牠們原有的雨林、森林與大草原等野生棲地的氣息。動物們處處受限、終日死氣沉沉，鬱鬱寡歡。

花豹籠內的氣氛顯得歡樂許多。洛珊妮（Roxanni）和瑞亞（Rhea）兩姊妹只有幾天大，體重比一盒早餐麥片還來得輕呢！兩隻小傢伙雖被取了個希臘女神般氣勢磅礴的名字，但要長得雄壯威武，還有一段漫漫長路要走。此刻的她們只是一團雙眼緊閉的嬌弱身軀，需要被全然呵護。

知識
小檔案

小花豹剛出生時屬於「盲眼」的狀態，十天後才會睜開眼睛。出生時眼珠呈現藍色，慢慢才會轉變為成年豹銳利迷人的金碧色。

她們的父親宙斯（Zeus）懶洋洋地躺臥在隔壁的柵欄內，眼神漠然地望著這一切。相反地，她們的母親麗達（Leda）就顯得慈愛許多。她宛如一尊人面獅身像般將前腳伏在胸前，任由小幼豹在身邊扭動翻滾著。兩隻小傢伙有著粉色的鼻子，一身霧灰色的柔軟皮毛。雖還看不太出身上的斑塊，但過不了多久斑紋就會越來越明顯。

知識
小檔案

成年花豹生性獨來獨往，地域性強，需與異性熟悉一段時間後，才會進行交配。幼豹會待在母親身邊約兩年時間。成年後，有時手足之間雖也會共同生活一段時間，但通常還是會分道揚鑣，各自獨立生活。

Kris Wiktor/Shutterstock.com

每過幾分鐘，麗達便會伸出大大的舌頭，幫女兒們舔舐梳洗一番。被圈養的母豹偶爾會發生棄養自己幼豹的情形，但很顯然地，麗達很疼愛自己的親生骨肉。

麗達和宙斯從沒有親眼見識過真正的森林。唯一與牠們為伴的只有柵欄內一片漆滿樹林的水泥牆。牠們一輩子只能在狹窄的籠內來回踱步，腳下從未觸過濕潤的泥土，也從沒有機會仰望寬闊的天際。

這裡的一切讓牠們無法真正體會當一頭花豹的滋味。烈陽下漫無邊際的穹蒼曠野，俯拾即是的隱密樹林，獵食或捍衛地盤時的刺激氛圍皆如此遙不可及。如今牠們的下一代也將難逃在柵欄中成長的命運。

太陽終於從特羅多斯山探出頭來，總算到了早餐時間。人類嘈雜的喧鬧聲很快會湧進來，利瑪索爾動物園裡的動物們紛紛往陰暗處走避。

第 二 章

一九九〇年期間

　　利瑪索爾動物園的情況，在一九九〇年時開始引起「生而自由基金會」創辦人維吉妮亞・麥肯納和夫婿比爾・崔佛斯的關注。此時一封又一封的關切信紛湧而至，甚至連賽普勒斯當地動物保護協會（ARC）也開始想辦法聯絡**生而自由基金會**時，我們知道情況肯定十分緊急，但前方的路可說是困難重重。

　　利瑪索爾動物園於一九五六年建造。當時人們對動物的需求一無所知，有些動物園內部甚至僅由幾個圍著鐵欄杆的水泥隔間組成。要過了許多年後，人們才意識到此舉

對動物的殘害有多深。

這些年來，動物園的樣貌開始有了轉變——至少在外觀上。玻璃牆和電子圍欄取代了柵欄，營造自在的空間感，但對動物來說，活動範圍依舊受限。一些大型貓科動物和其他肉食性動物的棲所變得寬廣許多，可以讓動物們感受天氣的變化，腳觸及草地。儘管居住品質有所改善，但和野外的環境仍相去甚遠。

比爾‧崔佛斯在一九九○年代時足跡遍布歐洲各地，拍攝數百家所謂「克難動物園」虐待和忽視動物的證據。其中利瑪索爾動物園的環境可說是特別惡劣，靈長類和大型肉食性動物的情況尤其悲慘。在荒野中，像花豹這種強而有力的掠食動物性喜追蹤獵物、奔馳和攀爬，在捕獵時更習慣發出遠播數哩的巨吼。牠們是自然界中急速的佼佼者。但在利瑪索爾侷促的柵欄內，花豹們要施展身手難如登天，唯一能做的只剩終日來回不停地踱步。

野生動物一旦被囚在過於狹窄的籠內或不適合的環境中時，很容易出現異常的舉止。例如，熊或大型貓科動物

在終日無所事事和飽受壓力的情況下，會開始不停來回走動。事實上，由於被圈養的大型貓科動物很常出現這樣的反應，因此一些動物園會特別沿著圍籬四周鋪上水泥步道，防止泥地下陷，被踩踏出一條溝渠。鳥類會啄光身上的羽毛，靈長類動物則會開始拔掉毛髮，屈起膝蓋蜷縮成一團，像個飽受驚嚇的孩子般，身體不停前後晃動。比爾・崔佛斯將此類動物的精神異常稱為「動物園症候

Joseph D Anthony/Shutterstock.com

知識小檔案

花豹奔跑的時速
可達三十五哩。

群」。他拍攝這些飽受折磨的動物，將影片製作成一部
「動物園症候群報告（*The Zoochotic Report*）」的電視
紀錄片，在世界各地廣為播出，也開始改變了人們對傳統
動物園的觀感。

　　比爾·崔佛斯恨不得利瑪索爾馬上勒令歇業。但在一
九九〇年代之初，當**生而自由基金會**開始催促賽普勒斯政
府當局採取行動時，便知道眼前還有一段漫漫長路要走。

很遺憾地，比爾在一九九四年過世。他雖未能在有生之年看到自己的夢想成眞，雖未能親眼見證在利瑪索爾受到漠視的動物們重獲自由的一天，但他的熱情和心血已啟動了轉變的契機，生而自由團隊已經下定決心持續奮戰到底。

第 三 章

一九九八年，五月

希臘‧利瑪索爾動物園

中午時分，一片晴空萬里，沒有一絲微風，高掛的豔陽把大地烘得熱氣蒸騰。園裡的動物們顯得煩躁不已。早晨還勉強隨著太陽的移動挨在籠內一小方陰涼處，但現在日正當中，再也躲避不了烈日的烘烤。籠裡的鐵欄杆熱得發燙，沒辦法用來摩擦身體，盆裡的水也已經乾得見底。

洛珊妮和瑞亞已經四個月大，無論見到什麼就愛飛撲上前。小幼豹和所有貓科動物一樣，成天嬉戲、跟蹤、追逐跑跳百玩不厭。

幼崽嬉戲的天性是發展強健肌肉
和敏捷度的重要關鍵，以達到磨練
反應和精進捕獵技能的目的。

　　一整個早上花豹區外人聲鼎沸，小幼豹成了園裡的大
明星。遊客們無不爭相一睹小幼豹揮舞腳掌、嬉鬧互咬的
可愛模樣。她們的父親宙斯無精打采地攤著四肢，側躺在
森林彩繪牆旁打起盹來，熱得喉嚨不由地微微發顫。

麗達一樣熱得發暈，但這對雙胞胎可沒讓她閒著，跑跳、追逐、翻滾、啃咬打鬧樣樣來，吵得她無法好好地睡一覺。她彎下頭來，但依舊一刻不得清靜。洛珊妮湊向母親的臉撒嬌，瑞亞則是一陣狂抓亂咬，開始大玩起老媽的尾巴。

　　看來想睡午覺只能再等等。無可奈何的麗達坐起身，再次舔起小幼豹的頭。若是在野外，大自然的運動場大可讓洛珊妮和瑞亞消耗充沛的體力，一整片的森林和殘根斷枝是天然的攀爬架，更別說還有盡情奔跑和隱身的寬敞空間。而在園裡，她們的「操場」變成了那窄小籠裡水泥牆上的彩繪。她們唯一能做的只是望著剝落的斑駁牆面，或許做做重獲自由的白日夢。

　　花豹是天生的攀爬高手。強而有力的肌肉讓牠們能輕鬆地攀到高處，爪子能刺進樹皮深處大幅增加抓力，和選手在跑道上穿釘鞋奔馳的道理相同。牠們的尾巴約莫和精瘦的身軀等長，可提供絕佳的平衡感。樹上是花豹貯藏獵物的安全基地。

　　獨來獨往的花豹雖鬥不過獅子或一群鬣狗，但善用絕妙的攀爬技能便能逆轉頹勢。牠們會把捕殺後的獵物拖到樹上，以避免其他較不靈活的肉食動物搶食。接著便能隨時回來享用大餐，有時捕獵一次甚至可以大快朵頤數天。

花豹也時常憑藉著擅長的攀高能力，利用皮毛上的斑紋在樹蔭裡形成掩護，從上方瞄準獵物伺機而動。

　　花豹柵欄外的遊客依舊絡繹不絕。麗達聳起皮毛，雙耳緊貼頭皮，碧綠色的眼眸冷冷地瞪著人群。她找不到一處可以安頓兩隻小寶貝的隱密處，遊客永無止盡的關注讓她感到焦慮不安。

知識
小檔案

　　母花豹在外出獵食前會先哺餵幼豹，通常會在三十六個小時內回來。等幼豹約六個星期大時，母豹便會開始叼回獵物餵食。幼豹在六個月大時會開始斷奶，等到一歲大時，便已有捕獵如小隻羚羊等動物的能力。

Eric Isselee/Shutterstock.com

　　野生花豹生性害羞，行蹤謹慎隱密，對人類充滿警戒心。牠們獨來獨往，在樹林深處悄然穿梭，在濃密的草叢中潛行，或是沿著崎嶇的丘陵移動，習慣在午後或傍晚過後隱身灌木叢尋找獵物。

在花豹區圍觀的吵雜人群終於往另一區移動，麗達總算鬆了一口氣。此刻，幼豹們扭動著身體，成功掙脫母親舔洗的舉動。

麗達打起哈欠，把頭埋進腳掌間。這對雙胞胎似乎已經靜下來，或許可以讓她好好補個眠。

第 四 章

二〇〇〇年期間

　　比爾‧崔佛斯爆炸性的紀錄片〈動物園症候群報告〉
自播出以來，深深撼動了觀眾對動物園的觀感，也促成了
《歐盟動物園條例》的新法產生。歐盟（或稱為歐洲聯
盟）是個由歐洲各國政府通力合作下的大體系，彼此共同
遵守一定的法律規範。歐盟對一些動物園的狀況大感震
驚，並明確表示不再允許動物們被安置在傳統動物園的環
境中。即日起，園方必須以更貼近動物野生棲地的環境打
造園區，同時擔負起保育的責任。換句話說，法令於二
〇〇二年推行後，歐盟各國的動物園若違反動物習性，將

牠們關在擁擠不堪的籠裡的話，將屬於違法行爲。

　　雖說新法立意良善，但時至今日，許多歐盟境內的動物園都尚未達到法令要求的最低標準。儘管歐盟已有明令，加上「生而自由基金會」與動保團體ARC的不斷施壓，賽普勒斯動物園的改善步調仍舊慢得令人沮喪。不管

花豹身上的斑紋因與玫瑰的紋路相仿，所以又被稱為「玫瑰花斑」。

知識
小檔案

動物園再怎麼不合法規、再怎麼老舊，利瑪索爾地方政府根本不急著強制關閉這座還能為政府增加財源收入的動物園。況且還有園內員工的生計問題要考慮。沒有人想要就此丟了飯碗，不過市政府又撥不出經費重建動物園以符合法規。

轉眼間，洛珊妮和瑞亞已經兩歲，已不再是瘦弱的小毛球，而是擁有一襲光滑金色皮毛的年輕花豹，她們身上的濃密斑紋能在其所屬野生棲地的灌木叢中形成絕佳的保護色。

若在荒野中，這對雙胞胎早已到了脫離母親開始獨立生活的年紀。花豹通常在滿兩歲前便會展開自力更生的旅程。牠們不像獅子或獵豹喜歡群居生活。除了養育幼崽的期間外，花豹一生皆以獨行俠的姿態過活。牠們不倚賴群體的力量壯大聲勢，而是單槍匹馬獵食，憑藉著隱密作風和聰穎的天資，在暗處潛行，靠自己的力量生存下去。

公花豹並不參與養育幼豹的工作，於是傳授瑞亞和洛珊妮往後獨立生活所需的技能，如捕獵、攀爬及隱身暗處

的本領等便落在麗達的身上。她本應延續自己母親所傳承的本事，教導下一代如何快狠準地一口將獵物斃命。唯有在成熟掌握這些關鍵技巧後，這對雙胞胎才算做好了自食其力的準備。

即使她們再怎麼努力向母親學習，一個悲哀的事實依舊擺在眼前——兩歲的洛珊妮和瑞亞仍無法擺脫被關在籠裡的宿命。

第 五 章

二〇〇六年，一月

希臘，利瑪索爾動物園

　　一月裡的利瑪索爾市，一個狂風暴雨的夜晚。特羅多斯山雷聲轟隆作響，閃電狂擊山巔。地中海巨浪直撲岸邊，滿布的烏雲遮蔽了星光。園裡的動物顯得驚恐不安。大雨不停灌進籠裡，狂風穿過柵欄從四面八方呼嘯而來。

　　麗達和她的小傢伙們看起來特別悽慘。洛珊妮和瑞亞縮成一團，焦慮地緊挨著彼此。花豹的聽覺敏感度是人類的五倍，疾風勁雨對牠們來說猶如震耳欲聾。她們嚇得皮毛直豎，耳朵往後緊貼。麗達反而對這令人難耐的暴戾天

氣顯得憤怒異常。

　　宙斯則是一臉痛苦地癱臥在自己籠裡的角落。潮濕的天氣和冰冷的水泥地讓他飽受關節炎所苦。他偶爾抬起頭，稍稍移動身體，試著緩解關節處的痠痛，但顯然效果不彰，疼痛反而更加劇烈。

花豹的
運動神經
發達，除了
具備游泳渡河
的本事外，還能一
個箭步跳躍六公
尺遠，往上騰空
三公尺高。

　　除了得忍受又濕又冷的環境外，這個花豹家族也因成天無所事事而日益肥胖。牠們被剝奪了在野外獵食的機會，在利瑪索爾動物園唯一能做的只剩睡覺、舔舐、進食和面臨體重直線上升的窘境。

　　牠們的肚子圓了一圈、皮毛欠缺光澤，本應在荒野中用來掃描獵物的金碧色雙眼變得茫然無神。儘管利瑪索爾

nattanan726/Shutterstock.com

動物園近期有了些許改善，但對這無助的花豹家族來說顯然還是太過緩慢。在延宕數年之後，賽普勒斯政府終於開始展現誠意，承認動物園老舊的囚禁環境並不適合安置野生動物，並擬定了將此區關閉的日期。這些動物的安置也成了待解決的問題。

　　若能將麗達一家直接進行野放，讓牠們重獲與生俱來

的自由權利，無疑是美事一椿。但令人遺憾的是，對許多長年被關在園裡的動物來說，在實際面上，直接野放是不可行的。要讓處於長期圈養、毫無狩獵和自我防禦能力的花豹重返荒野實在困難重重。即使牠們年輕氣壯，但從沒受過母親野地求生技能的薰陶，自行獵食將是一大問題，地盤之爭也容易處於劣勢。再者，重獲自由的動物多為年邁或有受傷的情況，要重新在野外求生可說是機會渺茫。然而，若**生而自由基金會**能夠將牠們從園裡救

援出來，便能爲花豹們找尋安全舒適的新家。野生保護區內盡可能模擬其遼闊的自然環境，在符合花豹的生活習性下，同時又能免去牠們在荒野中必須面臨的危險。

　　隨著利瑪索爾動物園閉館日在即，**生而自由基金會**和ARC當地動物保護協會開始積極籌備將花豹家族搬遷至**生而自由基金會**在南非的「大型貓科動物保護中心」等事宜。這也意味著花豹們將擁有自己的地盤，過起愜意的日子。不過利瑪索爾政府此刻卻又開始遲疑將花豹們安置他處的可行性。正當雙方展開激烈辯論之際，宙斯的關節炎持續惡化。數個月過去，疼痛越演越烈，他已經很少從籠裡的角落移動半步。

第 六 章

　　麗達壓低身子，露出齜牙咧嘴的兇狠模樣，雙耳平貼，尾巴朝下垂擺，準備發動攻擊。洛珊妮還沒意識到發生什麼事，她的母親早已如一枚毛茸茸的飛彈般，瞬間朝她飛撲而去，所幸在最後一刻她及時反應閃避到一旁。在一旁的瑞亞也加入攻擊洛珊妮的戰局，開始從後方襲擊自己的姊妹。三頭大貓瞬間展開一場混戰，牙爪攻勢齊發，不停在地上翻滾與撕咬，籠內廝殺成一團。

　　瑞亞試圖箝制住姊妹的脖子，卻一口咬到她的耳朵。

洛珊妮躲到後方的角落，咧嘴咆哮，警告姊妹不要再靠近。她戰戰兢兢地留意其他兩隻花豹的動向，尾巴憤怒地來回甩動。兩隻花豹最近攻擊她的次數越來越頻繁，籠內無時無刻瀰漫著一股不安的煙硝味。瑞亞和麗達喘口氣，逐漸冷靜下來，同時緊盯著洛珊妮的一舉一動。

現在籠裡只剩她們三隻花豹。宙斯已在春天病逝。飽受關節炎所苦的他，到最後幾乎寸步難行，甚至痛到食慾全無。他的病情在園內獸醫的治療下毫不見起色，最後只能決定幫他進行安樂死。

宙斯走到生命的盡頭，終其一生全在狹窄的籠裡度過，從沒有領略過在非洲浩瀚天穹下沉沉入睡、或自由奔跑、或追捕獵物、或盡情攀爬的快感，也從未嘗過當一隻真正花豹的滋味。

隨著時間一天一天地過去，麗達和瑞亞仍舊持續霸凌洛珊妮。若在野外，麗達早該遠走高飛，讓女兒去自食其力，然而在違反自然的圈養方式下，卻讓她們身受其害。後來在**生而自由基金會**所進行的獸醫檢查中發現洛珊妮當

野生花豹的平均壽命介於十一至十三歲之間。

知識小檔案

時可能有潛在的健康問題，才會造成麗達和瑞亞出現排擠她的行為。

　　洛珊妮變得越來越膽怯孤僻，日日飽受母親和手足的咆哮和攻擊，最後動物園不得不將她們隔離，麗達和瑞亞同住一室，洛珊妮則被安頓在籠內的另一側。

洛珊妮開始出現啃咬尾梢的自殘現象，原本華麗的尾巴被她咬得又紅又腫，甚至禿了一塊。

　　另一邊的麗達和瑞亞也好不到哪裡去。麗達窩在宙斯生前的角落，一坐就是好幾個小時，瑞亞則是在她面前踱來踱去，一整天晃過來，又晃過去，日復一日。

　　正當**生而自由基金會**團隊苦苦等待官方點頭同意讓他們將花豹運往非洲新家之際，眼前卻又出現了另一個阻礙。復活節當日一批企圖闖關的走私野生動物在利瑪索爾被查獲。地方政府原本想阻止走私的船隻進入賽普勒斯管轄區，但依法規定賽普勒斯獸醫服務部必須沒收動物，因

此只好讓船靠岸，問題在於，當地唯一能收容這些動物的地方只剩利瑪索爾動物園內擁擠的獸籠。

也就是說，正當**生而自由基金會**正忙著募款，來為利瑪索爾的動物們尋找新家的同時，動物園仍不斷地增收新的動物！

日子一天過著一天，洛珊妮變得越來越畏縮，食慾開始不振，身形跟著日漸消瘦。只要稍一移動身體，總會發出低吼或嘶鳴聲，像是哪裡疼痛似的。看來要把花豹運到非洲的希望越來越渺茫。

第 七 章

二〇〇九年，五月

希臘，利瑪索爾動物園

　　經過**生而自由基金會**和ARC動物保育團體多年來鍥而不捨的請願，利瑪索爾政府終於承認小小的市立動物園並沒有足夠的空間可以妥善照顧大型野生動物的事實。我們總算打了勝仗。

　　此時洛珊妮仍舊一副病懨懨的模樣。抽血的結果顯示她的腎臟出了毛病。在接受治療後，經過獸醫團隊的評估，她的身體狀況尚可以承受前往南非的旅程。啟程日期也終於拍板定案。三隻花豹的命運即將有了全新的轉變。

二〇〇九年，五月三十日。天微微亮之際，花豹們便已拉開了非洲之行的序幕。一絲絲的粉色薄雲在天空交錯，市區街道仍顯得空蕩蕩。第一批的救援團隊成員陸陸續續抵達，圍在花豹區柵欄外討論接下來的工作流程。眾人對這一刻的到來已期待許久。麗達、瑞亞和洛珊妮打著呵欠，充滿戒心地盯著眼前的這群陌生人。瑞亞甚至悄然溜到柵欄邊，頻頻甩動著尾巴，疑神疑鬼地打量起這些新面孔。

生而自由基金會資深獸醫顧問約翰·奈特（John Knight）也在此刻趕到，準備用吹箭幫動物施行麻醉，以進行通關所需的寄生蟲檢查，並將牠們妥善安置到運輸箱。花豹們已經事先被隔離開來，以避免在麻藥生效進入睡眠狀態時遭受其他同伴的攻擊。現在就由麗達當起頭號先鋒。約翰一聲不響地朝她的籠子靠近，一把擎起吹管，鼓起胸膛用力吹了一口氣，一支麻醉針瞬間飛衝而出，不偏不倚射進麗達後腿的肌肉。不愧是完美的一記。麗達微微咆哮一聲，接著開始左搖右晃，很快便失去意識重重往

一側倒去。現在解決了一隻，還剩兩隻。不過這對雙胞胎因全程目睹了麗達倒下的經過，對這莫名其妙的舉動開始感到忐忑不安，因此應付她們變得更為棘手。

在折騰了好一番功夫後，總算成功麻醉兩隻焦慮不已的年輕花豹。等三隻花豹全沉沉睡去後，**生而自由基金會**大貓救援顧問湯尼·威爾斯（Tony Wiles）立即上前，和約翰一起將花豹搬進運輸箱裡。安放妥當後，獸醫移除麻醉針，並迅速將鐵絲網拉上。

被施以麻醉的動物並不適合進行運送。當動物在進入睡眠狀態後，若產生身體不適或呼吸困難等狀況，在運送過程中將可能危及生命。於是大夥兒必須等到麗達、瑞亞和洛珊妮完全清醒過來，才能將她們送上前往新家的旅途。等到太陽漸漸西下後，終於盼到了甦醒的時候，總算可以如願讓花豹踏上前往非洲的路途。

生而自由基金會的護送團隊——由包含維吉妮亞·麥肯納本人在內的十名無私奉獻的工作人員組成。一行人得先將裝著大貓的貨箱送往帕弗斯機場（Paphos Airport），隨行派有專屬警車負責幫忙開道，以避開清晨川流不息的車潮。接著再搭乘由托瑪斯航空（Thomas Airways）贊助的包機，從帕弗斯機場飛往倫敦的蓋威特機場（Gatwick

Airport），緊接著驅車穿過市鎮，前往希斯洛機場（Heathrow Airport），準備轉機至南非的約翰尼斯堡（Johannesburg）。

　　到了希斯洛機場時，花豹抵達的消息早已不逕而走。裝卸區擠滿了各家媒體和好奇的機場工作人員，等著一睹

花豹有著如鋸木板的特殊叫聲特殊。生氣時會吼叫，心情愉悅或放鬆時則會發出呼嚕的鳴叫聲。牠們也會咆哮、咳嗽、喘氣、咕噥、嘶鳴。

三位嬌客的風采。約翰・奈特打開拉門查看花豹的情況。瑞亞和麗達蜷伏在箱內，瞪大雙眼，怒視著外面的一切。看到一名報社攝影師忽然衝向前拍照，洛珊妮瞬間咧嘴怒吼，駭人的吼聲從箱內迴盪而出。圍觀的群眾嚇得頓時鴉雀無聲，紛紛往後退避。

很快的，花豹們和護送團隊便登上了飛往約翰尼斯堡的英國航空航班。為了避免麗達和雙胞胎姊妹倆生病，必須得讓她們在旅程中禁食。儘管她們的肚子已咕嚕作響，但起碼盆裡有足夠的水可以飲用。一旦抵達保護中心，立刻會有鮮肉大餐等著她們享用。當飛機攀上雲端，機長開始宣布貨艙中載有花豹的消息，並且特別向坐立不安的旅客保證花豹已經被牢牢鎖在貨櫃裡，同時發給每位在座乘客「老虎巧克力棒」以慶祝花豹重獲自由。

在這趟長程飛行期間，約翰和湯尼會不時輪流鑽過狹窄的客艙通道，轉進存放貨櫃的昏暗空間，查看麗達和雙胞胎姊妹倆的情況。每當他們將手電筒照進箱內的通氣口時，便會發現花豹目光炯炯地盯著他們，渾然不知自己身

處三萬英呎的高空。儘管飛行一切順利，但落地時還是感覺鬆了一口氣。大夥兒終於踏上了非洲這片土地。

現在**生而自由基金會**團隊還得必須面臨海關這一關卡。在花豹通關之前必須交付許多文件，且須經由南非政府一一審核。機場喧鬧吵雜，無時無刻充斥著堆高機的嗶嗶聲，還有工作人員不時拉高嗓門的叫喚聲。為了搭乘隔日的轉機航班，眼見花豹勢必得在那裡過夜，所幸幫忙承辦清關程序的非洲航空貨運代辦公司（Air Alternative Africa）好心出借倉庫，讓花豹能在遠離喧囂的環境待上一晚。

稍稍睡了幾個小時之後，花豹被搬移到了由國際快遞公司（Express Air）所贊助的航班上，準備前往本趟旅程最終站東開普省（Eastern Cape）的伊莉莎白港（Port Elizabeth）。此段航程比上一段短得多，而且抵達機場後，將會有聖瓦里保護中心的團隊前來接機。這已是**生而自由基金會**將被救援出的大型貓科動物送往聖瓦里的第十趟旅程，因此對每個人來說又是一場相見歡。

三個裝著麗達和雙胞胎倆的運輸箱小心翼翼地被搬上各自的輕型貨車後車廂，僅需四十分鐘的車程便能到達聖瓦里。當貨車漸漸駛離伊莉莎白港，沿途的建築物也隨之消失，轉而映入眼簾的是人煙罕至、在灌木叢裡蜿蜒的道

路，四周盡是陡峭的山壁。陽光閃耀，空氣中充滿了林煙與紅色沙塵的氣息。花豹們靜靜地窩在運輸箱的最深處，對即將到來的命運渾然不覺。

第 八 章

二〇〇九年，六月一日
南非聖瓦里野生保護區

　　近午時分的烈日高掛，利瑪索爾動物園的花豹們終於抵達聖瓦里的新棲所。在當地方言修納語（Shona）中，「聖瓦里（Shamwari）」指的是「朋友」的意思。很多動物都將體會到在保護區裡的工作人員都算是……牠們的好朋友。

　　生而自由基金會在聖瓦里的非洲五霸野生保護區內，有兩座設有安全圍籬的大貓保護中心，提供在獲救援後無法自行謀生的動物們，一個盡可能貼近野外生活的住所。

南非聖瓦里北方的珍・拜爾德保護中心（Jean Byrd Centre）特別爲麗達和兩隻成年的女兒保留了三英畝的區域，裡面布滿了一整片美不勝收的刺槐和荊棘林。

麗達即將第一個被放出來。她雖然已年屆十九，對花豹來說雖已屬高齡，但身體還很健壯。維吉妮亞・麥肯納爬上麗達的貨箱，準備將門打開，身旁站著聖瓦里保護中

花豹屬肉食性動物，不忌口，獵到什麼就吃什麼：鼠類、羚羊、猴子、魚類、蟲類……等等都吃，喜歡自行獵食，也不排斥啃食其他動物吃剩的獵物。

心的獸醫喬翰・朱伯特醫生（Dr Johan Joubert）、以及
聖瓦里團隊成員和**生而自由基金會**救援團隊成員，外加上
一大群當地和國際媒體的記者和攝影師。攝影機快門喀嚓
作響，眾人難掩興奮地竊竊低語。在歷經爭取花豹自由的
長期奮戰後，此刻無疑是重要里程碑。縱使比爾・崔佛斯
無法親自在場慶祝這場用畢生心血奮鬥而來的勝利，但他

的精神永遠與我們同在。他對朋友——不管是動物或人類——和對家人的愛，以及對理想的熱情，在在都讓人感動。多年前，比爾將熱情灌注在幫利瑪索爾動物園的花豹力爭自由的漫漫長路上，現在總算盼到了維吉妮亞幫他完成遺志的時刻。

在搬到永久棲地之前，花豹們必須分別待在三個緊鄰的小隔離營或區域先適應環境，等到獸醫群和**生而自由基金會**團隊確定她們一切適應良好後，才會將她們移到廣闊的棲地。不過即使是這些小區塊的隔離營，跟她們以前的利瑪索爾住所環境相比，簡直是天壤之別。

維吉妮亞小心翼翼地打開裝著麗達的運輸箱柵門，一旁的眾人無不屏息以待。但此刻的麗達居然毫無動靜！她不理會眾人的殷殷期盼，依舊一動也不動地坐在箱內。前方一排濃密的林子，向外延伸出一片無邊無際的草原，瀰漫著濃濃的荒野氣息和聲響，彷彿在呼喚著她。不過麗達從箱內小小的通風孔可以看到一群人站在前方圍觀，直覺危險逼近，說什麼也不願往前半步。

　　十分鐘過去，麗達仍待在箱內。眾人耐心等候著。媒體先前已被提醒，大貓可是催不得的。

　　眼見又過了五分鐘，忽然之間，麗達衝出箱外，壓低身子，一個箭步往樟樹林飛竄，一轉眼消失無蹤。她的速度之快，讓在場等候的大多數攝影記者們完全錯失掉了捕捉她奔向自由的關鍵時刻。

接著換洛珊妮登場。她是三隻花豹中最膽小，也是利瑪索爾動物園中最不快樂的一隻。洛珊妮戰戰兢兢探出頭，昂起蓬軟的白色下巴，瞥見高掛的烈日，呆望著搖曳的草原好一會兒，微風輕拂她的皮毛。她嗅嗅空氣，享受野性非洲的氣息，側著頭雀躍地傾聽著前所未有的聲響。

洛珊妮小心翼翼地踩著每一個腳步，接著離開運輸箱，直接鑽進保護區為她準備的木造遮蔽物。

　　瑞亞可一點也不拖泥帶水。當箱子一開啟，她立刻從箱裡急奔而出，衝進附近的灌木叢，肚皮緊貼著地面，試圖讓自己縮得越小越好。

　　維吉妮亞和團隊成員終於鬆了一口氣，紛紛彼此擁抱與互相道賀，很高興一切都進行得很順利。一行人將多待上幾天觀察花豹的進展——以目前的情況看來，一切似乎都很樂觀。

　　擺脫利瑪索爾動物園的花豹們終有一天會愛上這個新家。她們將在探索環境的過程中做自己的主宰，大展身手，展現霸氣堅毅的一面，儘管目前的她們仍感到渺小和脆弱。這裡的一切和她們以前的生活天差地遠，勢必還有許多必須適應之處。不過，相信她們很快便會成為這美不勝收世界裡的一份子。

第九章

二〇〇九年，六月七日
南非聖瓦里保護區

　　洛珊妮坐在隔離營遮蔽物的屋頂上仰望著星空。在明月的照耀下，花兒的色澤和卡利撒樹的鮮紅果實清晰可見。遠在隔離區外，聖瓦里野生獅群的吼聲在山谷幽幽迴盪，夜行性昆蟲正忙著進行大合唱。多麼喧鬧的美妙夜晚啊。洛珊妮將視線往下移，瞥見坐在隔離區圍籬另一邊的瑞亞。洛珊妮打了個呵欠，露出令人生畏的利齒，優雅地從屋頂悄然一躍，腳底的厚實肉墊緩衝了落地瞬間的撞擊力道。姊妹倆隔著鐵絲網，開始在月光下肩並肩漫步。

花豹腳底厚厚
的肉墊便如同墊
子般，讓花豹在行走時
可以悄然無聲，在奔跑和跳躍
時，更具有防震的作用。花豹的
爪子則是安然隱藏在肉墊和皮毛
之間，必要時刻才會出手。

　　瑞亞靜靜地傾聽夜的聲音。一聽見附近灌木叢裡小型夜行性動物窸窣騷動的聲響，立刻喚起了她的捕獵天性，不過她剛剛已經吃了一大堆羚羊肉，現在先暫且聞風不動，更何況她長長的白色頰鬚上還殘留著鮮血等著她舔舐乾淨。

麗達站在自各兒的花豹隔離區中一株結實的樹木旁盡情地磨起爪子，再也不像以前在利瑪索爾動物園時只能受限於一棵乾枯的老樹幹。

　　麗達拉長身軀，拱起背脊，將爪子刺入無花果樹的柔軟樹皮。她已經待在洞裡一整天，等到夜幕低垂才會開始出來遊蕩。以前的她找不到任何一處可遮蔽的地方，現在

終於可以隨心所欲地將自己隱藏起來，她當然不會錯過這大好機會。餵食時間一到，她總會等保護區的工作人員離開後，才會衝出去擒住肉塊，以迅雷不及掩耳的速度將肉拖進掩護處享用，就連睡覺也總是待在那裡。或許這是麗達生平第一次感到安全的地方。

花豹敏銳的長頰鬚有如雷達般，讓花豹在夜間或草叢中行動時能輕易掌握方向感。花豹在行走時，頰鬚會往前伸展；在嗅聞時，頰鬚則會向後縮；休息放鬆時，頰鬚則往兩側張開。

花豹的彎爪十分尖銳且強
而有力，可以伸縮自如。

　　三頭花豹很快適應了環境，生活越來越愜意，心情也
跟著放鬆。她們無須再將肚皮緊貼地面，膽戰心驚地行
動，而是抬頭挺胸，昂起尾巴，邁開大步行走。她們也吃
得很豐盛。保護區裡不進行每天餵食，而是模擬野生花豹
的飲食模式，提供她們一週三次兩公斤的美味紅肉大餐。
看來很快就能移除內部隔離的鐵絲網，不知道到時候她們
一家子團聚時會出現什麼反應。

第 十 章

　　歷經幾番曲折後，在聖瓦里助理獸醫慕瑞・史多古
（Dr Murray Stokoe）醫師審慎觀察下，終於決定讓三隻
花豹嘗試在同一個隔離區生活。**生而自由基金會**和聖瓦里
保護區明白此舉存有潛在風險。當習慣獨來獨往的野生動
物被同時關在如動物園或馬戲團拖車等狹窄的空間時，為
了避免自己受傷，必須得忍受彼此的存在，有時甚至會爆
發衝突。**生而自由基金會**很清楚麗達和瑞亞在利瑪索爾動
物園時曾一度聯合起來霸凌洛珊妮。在聖瓦里廣闊的保護

區內，很可能會激發她們的地域性，但在另一方面，她們
有足夠的空間避開彼此，一大片的樹叢和灌木叢可供她們
隱身其中，但願她們能持續和平共處。

　　彼此之間隔著鐵絲薄網的洛珊妮和瑞亞，一如往常地
緊鄰而坐。加上麗達大部分時間總是窩在貓洞裡，現在似
乎是嘗試將她的兩個女兒解禁的好時機。首先開啟外部柵
欄，接著內層柵欄也順勢啟開……

此刻正值午後時分，洛珊妮和瑞亞沒空到外面的世界探險，反而彼此開始交換起隔離區！在嗅完對方的地盤一輪之後，兩隻花豹走到中間，開始互相咆哮。洛珊妮吼得特別響亮，看起來比瑞亞更強勢。所幸彼此在嘶吼一番後並沒有大打出手。過了一會兒，瑞亞接著走到保護區的深處，洛珊妮並不急著佔領這塊新地盤，反而躺臥在麗達的隔離區外咕噥起來。

　　最後，洛珊妮還是決定到保護區的外層探索一番。現在的她比瑞亞更有膽識，毫不猶豫地直奔曠野的正中央，興奮地抽動尾巴，接著往電圍籬跑去。電圍籬有遏阻大貓攀爬的功用，但並不會真正傷害到牠們，不過可憐的洛珊妮在觸碰的瞬間還是難免被嚇了一跳。

　　到了隔日早晨，這對姊妹花已經不再那麼緊張，對周遭的環境似乎已經開始適應。於是當日下午麗達也被放了出來。一開始這隻老母豹依舊一動也不動，但過了一小時左右，開始看到她悠哉地從藏身之處晃了出來，像是在逛自己家一樣自在！

麗達忽然發現在家園高處立著一株如同大陽傘般擋住烈日的大樹。她看看頂上讓人躍躍欲試的樹蔭，優雅地嗅嗅空氣，緊接著用力騰空一躍攀上樹枝，群鳥瞬間驚飛竄逃。這一躍以花豹的水準來說雖是有些笨拙，但她一定很快就能駕輕就熟。

花豹的攀爬功力
可是出了名的。將比自己
重三倍的獵物拖到樹上對
牠們來說算是家常便飯。
牠們還能以頭朝下的姿
勢，從樹上爬
到地面。

知識
小檔案

　　眺望完高處的風景後，麗達小心翼翼地爬下來。這棵樹很快成了她的地盤。麗達壓抑許久的花豹地域天性再度被喚醒。她走到樹下，轉個身，開始在樹幹周圍撒尿。還有哪裡可以佔領地盤呢？她高高翹著尾巴，心滿意足地離開。

漸漸地，亮晃晃的午後天空被暈染成了壯闊的暗銅色，此刻已近黃昏，很快將又進入聖瓦里的美麗之夜。

花豹具有地域性，習慣利用尿液、糞便和臉頰磨蹭樹木與磨爪子的方式宣示主權，警告其他路過的花豹，此處已是別人的地盤。

第十一章

二〇〇九年九月
南非聖瓦里保護區

　　花豹們在此處生活了幾個月後,已經完全脫胎換骨。保護中心四周的環境也有了截然不同的面貌。草原在雨水的灌溉下一片綠意盎然。鮮豔的鳴禽在灌木叢裡呢喃,蟲鳴悠然迴盪,空氣中飄散著濕泥土的氣息和野花的芬芳。

　　破曉時分,大貓保護區中的花豹們仍醒著。洛珊妮和瑞亞定睛看著在隔離區邊緣一隻疣豬晃動鼻子,忙著翻土找根莖吃的一幕。麗達坐下來曬起早春的日光浴,三隻花豹各自凝視著眼前屬於自己的世界。

一個永遠擺脫囚禁悲劇的自由世界。聖瓦里的花豹們終於有了歸宿。

後記

　　麗達和女兒們好不容易在聖瓦里安頓下來，過著快樂自在的生活，但悲劇卻不幸發生。二〇一一年，一月，洛珊妮忽然出現拒絕進食的情況，在利瑪索爾動物園期間所累積的腎臟舊疾再度復發。在聖瓦里獸醫團隊的藥物治療下，起初她的病狀似乎得到了控制。正當眾人滿心期待她能戰勝病魔的同時，可惜卻事與願違。洛珊妮不幸於二〇一一年，二月九日病逝。當天早上，保護區的一位照護員還看到她沿著圍籬漫步享受晨陽的身影。

　　在被病魔帶走之前，洛珊妮享受了兩年聖瓦里的自由生活。這兩年來，讓她有機會脫離空蕩的水泥地，去感受大腳底下草地和泥土的氣息，坐看祖先故土的日昇日落。

我們雖痛失了洛珊妮，但麗達和瑞亞仍在聖瓦里的愜意空間裡持續豐富著各自的生命。

即將出版

拯救老虎

潔西・弗倫斯（Jess French）◎著
高子梅◎譯

本該是威風凜凜地走在叢林的老虎，五個月大的洛基卻是吃著狗食，被關在籠子裡等候出售。所幸救援小組將他救出，並將他送往接近棲息地的環境。這段旅程的終點不再充滿茫然，而是為了更美好的未來。

拯救大熊

路易莎・里曼（Louisa Leaman）◎著
高子梅◎譯

天災人禍使得三頭小熊變成孤兒，失去媽媽的小熊難以存活，她們只能翻著發臭的垃圾堆，尋找食物碎屑。得到救助的小熊儘管不能野放，但以往痛苦的記憶終將消失。不管未來如何，我們知道這三頭小熊已經重生了。

好評販售中

拯救獅子

莎拉・史塔巴克（Sara Starbuck）◎著
高子梅◎譯

貝拉與辛巴自幼都與人類為伍，然而人類卻未能給予他們幸福。獅子是愛玩耍、探索、也愛撒嬌逗弄的大貓。人類不該是他們懼怕的生物，而是讓他們重回草原恣意奔馳的好幫手。他們的成長故事都有著淡淡的哀傷，但命運即將有所改變。

拯救大象

路易莎・里曼（Louisa Leaman）◎著
吳湘湄◎譯

非洲象妮娜從小失怙，被動物園救起後，開始了長年的囚禁歲月。亞洲象平綺在年幼時就因受傷而被送到「大象中途之家」。在眾人的幫助下，他們得以回歸野外，人們不清楚被圈養過的動物是否能夠適應野外，但他們都義無反顧地走向自由。

好評販售中

拯救海豚

金妮‧約翰遜（Jinny Johnson）◎著
吳湘湄◎譯

湯姆與米夏這兩隻海豚困在小小的水池中供遊客觀賞，汙濁的水和喧囂的噪音讓他們痛苦不堪。人們開始抗議，希望幫助他們重獲自由、回歸大海。然而被馴養的海豚，在重返大海的路上還有許多難關。

拯救猩猩

潔西‧弗倫斯（Jess French）◎著
羅金純◎譯

年幼的黑猩猩出生在喀麥隆的叢林，卻因為盜獵者而被迫離開家人，淪為招攬客人的賺錢工具。正當她幾乎陷入絕望之際，救援之手向她伸出，從此一切開始有了新的轉機。

蘋果文庫 113

拯救花豹
Leopard Rescue

作者｜莎拉・史塔巴克（Sara Starbuck）
譯者｜羅金純

責任編輯｜陳彥琪　封面設計｜伍酒儀
美術設計｜黃偵瑜　文字校對｜許仁豪

創辦人｜陳銘民
發行所｜晨星出版有限公司
行政院新聞局局版台業字第2500號
總經銷｜知己圖書股份有限公司
地址｜台北 106台北市大安區辛亥路一段30號9樓
TEL：(02)23672044 / 23672047　FAX：(02)23635741
台中 407台中市西屯區工業30路1號1樓
TEL：(04)23595819　FAX：(04)23595493
E-mail｜service@morningstar.com.tw
晨星網路書店｜www.morningstar.com.tw
法律顧問｜陳思成律師
郵政劃撥｜15060393（知己圖書股份有限公司）
讀者專線｜04-2359-5819#230

印刷｜上好印刷股份有限公司

出版日期｜2018年11月1日
定價｜新台幣230元

ISBN 978-986-443-519-7

國家圖書館出版品預行編目資料

拯救花豹 / 莎拉・史塔巴克（Sara Starbuck）著；羅金
純譯. -- 臺中市：晨星，2018.11
　　面；　公分. --（生而自由系列）（蘋果文庫；113）

譯自：Leopard Rescue

ISBN 978-986-443-519-7（平裝）

1.豹　2.動物保育　3.通俗讀物

389.818　　　　　　　　　　　　　　　107016106

生而自由系列

拯救花豹

立即加入會員

1. 掃描「線上填寫」QR Code，立即獲得價值 50 元購書優惠卷！
2. 拍照本回函資料，加入官方 Line@，再以 Line 傳送，或是傳至官方 FB 粉絲團。

QR Code
「線上填寫」

Line QR Code
「官方 line@」

FB QR Code
「官方 FB 粉絲團」

蘋果文庫 悄悄話回函

親愛的大小朋友：

感謝您購買晨星出版蘋果文庫的書籍。歡迎您閱讀完本書後，寫下想對編輯部說的悄悄話，可以是您的閱讀心得，也可以是您的插畫作品喔！將會刊登於專刊或FACEBOOK上。可將本回函拍照上傳至FB。

★購買的書是：<u>生而自由系列：拯救花豹</u>

★姓名：_____ ★性別：□男 □女 ★生日：西元___年___月___日

★電話：_____ ★e-mail：_____

★地址：□□□ _____ 縣／市 _____ 鄉／鎮／市／區

　　　　　_____ 路／街 ___ 段 ___ 巷 ___ 弄 ___ 號 ___ 樓／室

★職業：□學生／就讀學校：_____　　□老師／任教學校：_____

　　　　□服務 □製造 □科技 □軍公教 □金融 □傳播 □其他_____

★怎麼知道這本書的呢？

　　□老師買的 □父母買的 □自己買的 □其他_____

★希望晨星能出版哪些青少年書籍：（複選）

　　□奇幻冒險 □勵志故事 □幽默故事 □推理故事 □藝術人文

　　□中外經典名著 □自然科學與環境教育 □漫畫 □其他_____

★請寫下感想或意見